INSTRUCTION

SUR LA CULTURE, L'USAGE, ET LES AVANTAGES DE LA BETTERAVE CHAMPÊTRE:

Principalement extraite d'un Mémoire de M. l'Abbé DE COMMERELL, *Correſpondant de la Société Royale des Sciences & des Arts de Metz.*

A PARIS,
DE L'IMPRIMERIE ROYALE.

M. DCCLXXXVI.

SUPPLÉMENT

Au Mémoire ſur la culture de la Racine de Diſette, *par M. l'Abbé* DE COMMERELL, *Correſpondant de la Société Royale des Sciences & des Arts de Metz, de celle d'Agriculture de Paris,* &c.

LES eſſais multipliés que l'on a faits de la racine de *Diſette*, dans toutes les Provinces du Royaume, ayant été couronnés du plus grand ſuccés, M. l'Abbé de Commerell croit rendre ſervice aux Cultivateurs, en leur communiquant une nouvelle manière plus ſimple & plus aiſée de traiter cette racine; il s'eſt occupé de cet objet pendant l'année dernière, & y a trouvé un avantage bien réel.

Voici ſon procédé :

Dans les mois de Mars & d'Avril, le terrein étant bien préparé, fumé & ameubli, il faut choiſir les graines de Diſette les plus groſſes & les plus belles, les tremper dans l'eau pendant 24 heures, & les faire reſſuyer un moment, afin de pouvoir les manier.

On tend le cordeau ſur le champ, comme ſi l'on vouloit y planter les racines, & à la diſtance de 18 pouces, en tous ſens, on fait en terre, avec les doigts, un trou d'un pouce de profondeur, dans lequel on met *une ſeule graine* que l'on recouvre auſſi-tôt. Au bout de dix à douze jours elle lève, & l'on remarquera que chaque graine contient 4, 5 à 6 racines qui ſortent de terre à-la-fois. Dès que ces petites racines montrent leur quatrieme feuille, il faut arracher avec précaution les plus foibles, & ne laiſſer en place que la plus belle & la plus vigoureuſe des racines; dans peu de temps, on ſera étonné de leur accroiſſement, pas une ne manquera; & de cette manière, auſſi ſimple que facile, on épargnera les peines de la tranſplantation, on jouit des feuilles quatre ou cinq ſemaines plus tôt, les racines deviennent plus belles, plus groſſes; elles pivotent mieux, &, dans une terre meuble, il y a une culture de moins à leur donner.

Comme il eſt dans leur nature de ſortir de terre, on obſervera celles qui ne ſe montrent pas aſſez, & on leur donnera de l'air, en ôtant de la terre autour du collet, ainſi qu'il eſt énoncé dans l'inſtruction, au §. 3 du mémoire indiqué ci-après. Le reſte de la graine ſera semé à la volée, pour en transplanter ensuite les racines, où l'on jugera à propos. Ces plants peuvent également rester sur place; mais il faut alors les éclaircir, & leur donner une culture de très-bonne heure, en leur laissant la distance convenable, ce qui devient très-pénible, & l'on remarque facilement, que ces racines ainsi semées ne viennent jamais aussi grosses que celles dont on a piqué la graine. Cette différence est prouvée par l'expérience.

Les personnes qui desireront avoir de plus amples éclaircissemens sur cette culture, pourront s'adresser à M. l'Abbé de Commerell, à l'Abbaye de S. Victor, à Paris. Elles sont priées d'affranchir leurs lettres.

A la sollicitation de plusieurs personnes, il vient de faire fabriquer sous ses yeux des hachoirs en forme d'*S*, pour couper les racines; il en a donné la description dans son mémoire.

On les trouvera chez Monsieur de la Planche, Maître en Pharmacie, rue du Roule à Paris, le seul à qui Monsieur l'Abbé de Commerell ait confié le dépôt de la véritable *graine de Disette*, dont il vient de lui procurer une nouvelle provision; l'on trouvera aussi, chez le même Apothicaire, le Mémoire sur la culture, l'usage & les avantages de cette racine, que Buisson, Libraire, Hôtel de Mégrigny, rue des Poitevins, vient de faire réimprimer, avec ce supplément sur la nouvelle culture simplifiée.

La livre de graine, prise chez Monsieur de la Planche, coûte quatre livres dix sols; le fer à hacher les racines, trois livres dix sols; & le mémoire, vingt-quatre sols.

On lui payera séparément les caisses & embalages; il prie d'être exact à affranchir les lettres & l'argent.

Vu l'Aprobation. Permis d'imprimer, ce 21 Mars 1785.

DE CROSNE.

De l'Imp. de la Ve HERISSANT, rue N. Notre-Dame.

INSTRUCTION

Sur la culture, l'uſage & les avantages de la BETTERAVE CHAMPÊTRE.

§ I.

Deſcription de la Betterave champêtre, & ſes principales propriétés.

LA plante qui eſt l'objet de ce Mémoire, eſt peu connue en France; elle n'a pas encore de nom propre en françois.

En Allemagne, où l'on en retire les plus grands avantages, on l'appelle *Dick-Ruben* (gros navet), *Dick-Wurzel* (groſſe racine), *Mangel-Wurzel* (racine de Diſette).

L'Auteur d'un Mémoire adreſſé à la Société royale d'Agriculture de Paris, & dont cette

Compagnie a fait publier un Extrait, lui a dernièrement donné le nom de *Turlips*, qui a l'inconvénient de ressembler trop à celui de *Turneps*, & de pouvoir ainsi induire en erreur les Habitans des Campagnes.

L'analogie avec un nom anglois, n'étant pas une raison pour en former un françois, & les trois noms allemans n'ayant ni précision ni justesse, on préfère d'en donner à cette plante un qui exprime ses propriétés, & de la désigner par celui de *Betterave champêtre*. En effet, c'est une *betterave* moins délicate que la *betterave officinale* ou *de jardin*; c'est une betterave qui réussit aisément *dans les champs*, & qui offre une variété de la *betterave commune*, ainsi que la *grosse rave* ou le *turneps* en sont une du *navet*. Le *turneps* & la *grosse rave*, moins sucrés que le navet, viennent hors de terre & n'y tiennent que par une radicule, tandis que le navet s'y plonge en entier. La *Betterave champêtre*, plus dure & moins sucrée que celle de nos jardins, vient aussi à la superficie du sol, n'y tient que par la pointe, ne le pénètre que jusqu'à moitié de son volume, n'acquerroit pas sa beauté, & seroit même exposée à pourrir, si l'on vouloit la couvrir de terre.

Elle a une autre propriété très-précieuſe, c'eſt de pouvoir être effeuillée à pluſieurs repriſes, de fournir ainſi un fourrage renaiſſant, & de n'en devenir que plus belle, tandis que l'on nuiroit à la *Betterave officinale* en l'effeuillant.

La culture de la *Betterave champêtre* eſt facile, ſes avantages ſont multipliés; elle peut ſuppléer à tout autre fourrage. On la plante en plein champ & ſur les jachères; elle réuſſit dans toutes les terres, & ſur-tout dans celles qui ſont humides & légères.

Cette racine paroît peu ſenſible aux viciſſitudes des ſaiſons; le puceron ne l'attaque pas; la ſéchereſſe n'altère pas beaucoup ſa végétation; elle ameublit le ſol & le rend propre à recevoir avant l'hiver, le blé & les autres ſemences qu'on veut lui confier.

§. II.

Temps & manière de ſemer la graine de la Betterave champêtre.

On peut ſemer la graine de cette plante dès que le temps permet de cultiver la terre, depuis la fin de Février juſqu'à la mi-Avril; on la sème comme celle des autres légumes qu'on tranſplante : à la volée, ou en rayons eſpacés de 5 pouces; on la recouvre d'un pouce de bonne terre au moins; il faut la ſemer clair, parce qu'elle eſt groſſe, parce qu'on a plus de facilité à arracher les mauvaiſes herbes, & parce que les plants deviennent plus beaux & plus vigoureux. On sème ordinairement cette graine dans un jardin, ou dans une pièce de terre bien bonne, bien meuble.

§. III.

Préparation de la terre où l'on veut tranſplanter les Racines.

LORSQU'ON a ſemé la graine, on s'occupe à préparer le champ où l'on veut tranſplanter les racines. Il en eſt de ces racines comme de toutes les autres plantes : plus la terre eſt fumée, profondément labourée & rendue meuble, & plus elles viennent groſſes & belles; la récolte de leurs feuilles eſt auſſi plus multipliée & plus abondante. Dans une terre médiocre, elles ne pèſent que quatre à cinq livres, & on ne les effeuille que quatre à cinq fois; dans une bonne terre, elles pèſent neuf à dix livres, & on les effeuille huit à neuf fois. Dans un ſol léger, ſablonneux &

gras, elles viennent encore plus grosses; il s'en trouve qui pèsent quatorze & même seize livres.

OBSERVATION.

QUOIQUE le temps le plus favorable pour semer la graine de la betterave champêtre, soit depuis le mois de Février jusqu'à la mi-Avril, il est cependant avantageux d'en semer chaque mois, jusqu'en Juin, afin d'en avoir toujours de propres à être transplantées. On a vu des Betteraves champêtres semées au mois d'Août, donner trois récoltes de feuilles, & peser trois à quatre livres. Dans les chenevières, après que la récolte du chanvre est faite, on pourroit encore planter ces racines, elles y viendroient belles.

§. IV.

Temps & manière de transplanter la Betterave champêtre.

VERS le commencement de Mai, la terre étant bien labourée à la bêche ou à la charrue, bien dressée & nivelée au rateau ou à la herse, il faut visiter la pépinière. Si les racines ont cinq à six pouces de long, & si elles sont de la grosseur d'un fort tuyau de plume à écrire, on les tire de terre; on ne retranche rien de leurs fibres, mais on coupe le haut de leurs feuilles, prenant ensuite un plantoir de bois, on fait dans la terre des trous profonds de quatre pouces & demi à cinq pouces; on fait ces trous en ligne droite & en échiquier, *à dix-huit pouces de distance l'un de l'autre : on met une racine dans chaque trou, on l'y place de manière qu'on puisse en découvrir le collet hors de terre, environ de six lignes.* Précaution aisée, mais très-essentielle, & sans laquelle on ne réussit jamais bien; ces plantes reprennent racine en vingt-quatre heures, & un homme un peu exercé, peut en planter dix-huit cents à deux mille dans sa journée.

§. V.

Première récolte des Feuilles, & culture des Racines.

A la fin de Juin ou dans les premiers jours de Juillet, quand les feuilles extérieures ont acquis environ un pied de long, on en fait une première récolte, en les cassant autour & tout près de la racine; on appuie à cet effet le pouce en dedans & à la naissance de la feuille; il faut avoir l'attention de ne pas laisser de chicot : on n'en doit cueillir que les feuilles qui penchent vers la terre, & toujours ménager celles du cœur de la plante, elles se reproduisent & croissent plus vîte. Aussitôt après cette première récolte, on donne avec le hoyau un labour ou binage aux racines. On doit, en donnant cette seconde façon, éloigner du haut de la racine, *avec une spatule de bois, la superficie de la terre fraîchement remuée, de manière que chaque racine soit déchaussée d'un pouce & demi ou deux pouces;* elles paroissent alors être plantées dans un petit bassin de neuf à dix pouces de diamètre; un enfant peut aisément faire cette opération. Dans les terres légères, il suffit de sarcler les mauvaises herbes, & de bien faire le travail avec la spatule; après cette seconde opération essentielle, on n'a plus qu'à récolter: c'est le moment où les racines commencent à s'étendre & à croître d'une manière étonnante; elles ne veulent point de plantes parasites pour voisines; il leur faut de l'air & de la place pour pouvoir s'abandonner à toute leur végétation.

§. VI.

Produit des Feuilles.

DANS une bonne terre, on peut effeuiller ces racines tous les douze à quinze jours.

Les bœufs, les vaches, les moutons dévorent ces feuilles, s'en nourrissent, & s'en engraissent facilement; on les leur donne entières, comme elles arrivent des champs; toutes les volailles de basse-cour en mangent coupées & hachées menu, mêlées avec du son; les chevaux même s'en accommodent très-bien, on peut leur donner les racines mélangées avec de la paille hachée; les cochons en mangent très-volontiers.

Observations essentielles.

Les vaches à lait que l'on veut conserver telles, peuvent manger des feuilles de betterave champêtre pour toute nourriture pendant huit à quinze jours de suite; dès les premiers jours, elles donnent une plus grande quantité de lait & de crême de la plus parfaite qualité; mais si l'on continue à les nourrir avec ce fourrage seul, elles engraissent trop & leur lait diminue. Ces feuilles engraissent très-bien aussi les bœufs & les moutons.

Pour conserver les vaches à lait dans tout leur produit, il faut mêler avec ces feuilles, de temps en temps, un tiers ou un quart des herbes dont on les nourrit communément. On peut leur donner de ces herbes une fois par jour, ou bien, tous les trois jours, les en nourrir une journée entière; par ce moyen, les vaches seront toujours d'un grand rapport, & leur laitage sera excellent. Ces observations ne concernent que les vaches que l'on nourrit constamment à l'étable.

Quand on est menacé de pluie ou de mauvais temps, on doit faire sa provision de feuilles pour deux ou trois jours; mais il faut retourner quelquefois les tas qu'on en a faits, afin qu'elles ne s'échauffent pas. Les récoltes multipliées de ces feuilles, ne donnent pas plus de peine que celles des autres fourrages verds, qu'on est obligé de faucher, de fauciller, ou d'arracher dans les prés ou dans les champs, & qu'il faut également ramasser & transporter dans les étables. S'il y a une différence, elle est en faveur des feuilles de la betterave champêtre, un enfant peut les casser, les cueillir, tandis qu'il faut des hommes pour faucher les autres fourrages.

En plantant une quantité de racines proportionnée à celle des bestiaux qu'on veut entretenir ou engraisser, on est sûr de pouvoir leur fournir des feuilles quelque temps qu'il fasse, même pendant les plus longues sécheresses; en un mot jusqu'au moment où l'on peut commencer à leur faire manger les racines.

§. VII.

Usage des feuilles pour les hommes.

Les feuilles de cette racine, sont aussi pour les hommes un aliment sain & agréable; on en mange les côtes comme celles des bettes; elles n'ont pas comme celles-ci le goût de terre, & participent à celui du cardon d'Espagne. On peut les préparer de différentes manières; apprêtées comme les épinards, elles leur sont préférées par beaucoup de personnes; on peut en manger depuis le Printemps jusqu'au mois de Novembre; par leur reproduction aussi continuelle qu'abondante, elles sont très-utiles aux fermiers, aux gens de la campagne, & dans les maisons où il y a un nombreux domestique. Les racines se mangent cuites pendant l'hiver, on peut les accommoder de plusieurs façons; c'est un légume très-bon, d'un goût agréable. Les feuilles que les racines renfermées dans une cave, produisent pendant l'hiver, sont fort tendres & très-délicates en entremets.

§. VIII.

Récolte des Racines.

L'ARRIVÉE des fortes gelées décide de l'inftant de la récolte des racines. Il faut choifir un beau jour pour faire cette récolte, au rifque de l'avancer de plufieurs jours; il importe à la confervation de la racine, de la renfermer fans humidité. Le jour pris, on doit arracher les racines dès le matin, & les laiffer fur place, afin que l'air & le foleil puiffent les reffuyer; des enfans fuivent celui qui arrache les racines, & coupent toutes les feuilles jufqu'au cœur; on peut également faire cette opération la veille, ou quelques jours avant celui de la récolte. Le foir on amaffe toutes les racines, fi elles font bien efforées, on les met à couvert à la cave, ou dans un autre lieu fec, inacceffible à la forte gelée; fi l'on n'a point à craindre de pluie, on peut laiffer dans le champ celles qu'on a arrachées le foir, & les conduire le lendemain au magafin. Quand le temps permettra de les laiffer à l'air deux ou trois jours, on fera bien d'en profiter. Il ne faut les manier durement, ni dans le tranfport, ni en les déchargeant; comme elles ont la peau fort mince, elles se meurtrissent facilement, & alors elles se conservent moins bien.

§. IX.

Choix de celles qu'on doit réserver pour porter graine.

Le temps de la récolte est le moment de choisir les racines propres à porter de la graine; les seules bonnes sont celles qui ont atteint une grosseur moyenne, qui sont unies, lisses, couleur de rose en dehors, & intérieurement blanches ou marbrées de rouge & blanc: tels sont les signes qui caractérisent celles qu'il faut conserver & cultiver. Celles qui sont toutes blanches ou toutes rouges, sont ou dégénérées, ou de vraies betteraves de jardin, dont la graine, par la négligence des Cultivateurs, s'est mêlée avec celle de la betterave champêtre. On doit loger séparément dans un endroit totalement à l'abri de l'humidité & de la gelée, les racines qu'on destine à reproduire de la graine.

§. X.

Instant & manière de replanter les Racines qui doivent porter de la graine.

Au commencement d'Avril, on doit mettre

en pleine terre les racines destinées à porter de la graine; on les place à 3 pieds de distance l'une de l'autre; comme leurs tiges montent de 5 à 6 pieds, il faut leur donner des tuteurs de 7 pieds de haut, enfoncés d'un pied & demi dans la terre; on croise les tuteurs avec de petites gaules, on en forme un treillage, c'est contre ce treillage à grands carreaux qu'on attache les tiges à mesure qu'elles s'alongent, afin que les vents ne puissent pas les casser.

§. X I.

Récolte de la graine, manière de la conserver.

Cette graine mûrit ordinairement vers la fin d'Octobre; on doit la recueillir aussitôt après les premières gelées blanches; alors on en coupe les tiges, & si le temps le permet on les dresse contre un mur ou une pallissade; si le temps est mauvais on les lie ensemble par poignées, & on les suspend à l'abri dans un lieu aëré, jusqu'à ce qu'elles soient bien sèches; on en détache ensuite la graine, & on la conserve en la mettant dans des sacs, comme les autres semences potagères.

Chaque racine tranſplantée, peut rendre 10 à 12 onces de graine.

§. XII.

Manière de prévenir la dégénération des Racines.

La graine de la betterave champêtre, dégénère comme toutes les autres, quand on ne prend pas la précaution de la changer de terre tous les ans, ou au moins tous les deux ans; c'eſt-à-dire, de ſemer dans une terre forte celle qui a été produite par une terre légère & ſablonneuſe, & dans un ſol léger, celle qui eſt venue dans une terre compacte & forte: ainſi les Cultivateurs des deux eſpèces de terres, en faiſant tous les ans des échanges de leurs ſemences, ſe rendent réciproquement ſervice. Cette graine ſe conſerve dans toute ſa bonté pendant trois & quatre ans.

§. XIII.

Moyens de conſerver ces Racines depuis le mois de Novembre juſqu'à la fin de Juin.

Si la proviſion des racines eſt conſidérable, & ſi l'on ne peut pas la loger à la maiſon, il faut, plusieurs jours avant la récolte, faire creuser des fosses dans le champ même, ou dans un autre endroit qui pendant l'hiver, soit à l'abri des eaux; après avoir laissé sécher le dedans de ces fosses pendant 8 ou 10 jours, on met un peu de paille dans le fond & sur les côtés; on y place ensuite les racines une à une, en les maniant doucement, & après avoir pris la précaution de les débarrasser de toute la terre qui les entoure. On couvre les dernières racines avec de la paille, & l'on rejette sur cette paille trois pieds de terre tirée du fossé. On bat bien cette terre, & on la dispose en dos d'âne, afin que l'eau s'en écoule facilement.

§. XIV.

Dimensions des fosses.

Les dimensions de ces fosses, sont relatives à l'élévation du terrein, ou à sa pente; on peut leur donner depuis 2 jusqu'à 4 pieds de profondeur, leur longueur dépend de la quantité de racines qu'on veut y loger; leur largeur est ordinairement de 3 pieds & demi.

Ces racines pouvant se conserver sans altération jusqu'au mois de Juin, on fera bien de multiplier les fosses, & d'en faire une pour la consommation de chaque mois, à commencer par celui de Mars, temps où la provision d'hiver, renfermée dans la cave, finit ordinairement. Il faut multiplier les fosses, parce que ces racines, lorsqu'elles sont exposées au grand air, après en avoir été privées, ne se conservent pas long-temps fraîches.

§. X V.

Nécessité & manière de faire un soupirail.

Il faut absolument que chaque fosse ait un soupirail par lequel la fermentation des racines puisse s'exhaler; sans cette précaution tout ce qu'on veut conserver sous terre, pourrit ou se détériore. Pour former ce soupirail, avant de rien mettre dans la fosse, on plante au milieu une perche de 6 à 7 pieds de long & de 2 pouces de diamètre; on roule autour de cette perche un cordon de foin d'un pouce d'épaisseur, dont on la revêt en entier sans la trop serrer; on place ensuite les racines dans la fosse & on les dispose en dos d'âne; lorsque la fosse est pleine, & que les racines s'élèvent dans le milieu, d'un demi-pied au-dessus du niveau des bords,

bords, on les recouvre de paille, & ensuite de terre que l'on arrange & que l'on bat comme il a été dit plus haut. Quand les racines sont bien recouvertes, on arrache la perche ; le foin reste dans le trou, & les exhalaisons que jettent les racines en fermentant, s'évaporent par ce passage : au bout de quelques jours, on couvre ce trou avec un morceau de tuile creuse, & quand les grands froids viennent, on le bouche avec une pierre plate.

§. XVI.

Manière de préparer les Racines pour la nourriture des bestiaux.

POUR faire manger ces racines à toute espèce de bétail, il faut les couper ou les hacher, après les avoir bien lavées & nettoyées. Dans le pays Messin, on y emploie un instrument tranchant, composé d'une lame de fer d'un pied de longueur, de deux pouces de largeur, & repliée en S; au milieu des deux branches de l'S, est soudée une douille d'environ 6 pouces; dans cette douille, on assujettit un manche de bois d'environ 3 pieds 6 pouces de longueur; avec cet instrument on hache ces racines en morceaux de la groſſeur d'une noix dans un baquet ou une auge uniquement deſtinés à cet uſage. Avant de jeter les racines dans l'auge, il faut les fendre & les couper en quartiers.

§. XVII.

Pour les bêtes à cornes.

PRÉPARÉES de cette manière, on peut donner ces racines, ſans autre mélange, à toutes les bêtes à cornes & à laine, ſur-tout à celles que l'on veut engraiſſer; mais ſi l'on eſt forcé d'économiſer les racines, on peut y mêler un quart & plus de foin & de paille hachés; il eſt même bon d'obſerver cette méthode pendant les trois ou quatre premières ſemaines, avec le bétail maigre que l'on met à l'engrais; le foin de trefle, de ſainfoin, & de luzerne, eſt le meilleur pour cet uſage.

Les perſonnes qui ont, ou qui voudront ſe procurer un *hache-paille*, ou ban monté pour hacher les fourrages ſecs, économiſeront beaucoup de temps & conſommeront moins de proviſions.

§. XVIII.

Pour les Chevaux.

On peut, pendant tout l'hiver, nourrir les chevaux avec cette racine, en y ajoutant cependant moitié paille & foin hachés ensemble; nourris ainsi, ils seront gras, vigoureux & bien portans; mais lors des travaux pénibles & continus, il faut y ajouter un peu d'avoine. C'est ainsi qu'on en use dans les provinces d'Allemagne, où cette racine tient presque lieu de prairies, & dont l'espèce de chevaux est aussi connue qu'estimée.

§. XIX.

Pour les Cochons.

Les cochons mangent également ces racines hachées, crues & mêlées dans la boisson grasse ou laiteuse qu'on leur donne ordinairement. Ils deviennent aussi gras que ceux qui mangent des pommes de terre, légumes qu'on est obligé de faire cuire. On économise donc en employant cette racine, le bois qui devient si rare & si cher par-tout, & les peines que donne la cuisson; &c.

§. X X.

Ration des différens Bestiaux.

La quantité de ces racines, qu'on doit faire manger par jour aux différens bestiaux, doit se mesurer sur celle des fourrages secs qu'on veut & qu'on doit y ajouter (car il leur en faut tous les jours un peu avant de les faire boire); on doit encore proportionner cette quantité à la taille & à la grosseur des bêtes; on doit aussi la calculer d'après le projet qu'on a formé sur les bestiaux : ceux qu'on veut nourrir pour les garder, doivent en manger moins que ceux qu'on veut engraisser pour s'en défaire. En hiver, les vaches font deux repas par jour, chacun consiste en 16 ou 18 livres de racines hachées & mêlées avec quatre livres de paille ou de foin également haché; leur laitage est aussi bon, aussi abondant qu'en été, & elles sont dans le meilleur état possible.

Pour engraisser les bœufs, on leur donne d'abord à chacun, deux fois par jour, 20 livres de ces racines mêlées avec 5 livres de regain ou de foin haché. Au bout d'un mois, on leur retranche le foin haché, & l'on y substitue y livres de racines : on les nourrit ainſi pendant deux mois de racines ſeules ; après ce terme, ils ſont aſſez gras pour être vendus. Il eſt avantageux de donner aux bœufs, ainſi qu'aux vaches leur ration en deux ou trois repriſes ſucceſſives, ils en engraiſſent plus vîte ; il n'y a rien de gâté, de perdu, comme cela arrive quand on leur donne le tout à la fois.

§. XXI.

Avantages de cette Culture, & attentions qu'elle demande.

D'APRÈS les faits qui viennent d'être expoſés, on peut calculer aiſément ce qu'il faut de ces racines pour nourrir une vache & engraiſſer un bœuf ; combien un arpent de terre peut en rapporter en les plantant à 18 pouces de diſtance, & combien on peut engraiſſer de bœufs, ou entretenir de vaches avec le produit d'un arpent.

Si la terre eſt médiocre & peu fumée, on peut y planter ces racines à un pied ou 15 pouces de diſtance l'une de l'autre ; mais dans une bonne terre, il faut les eſpacer toujours de 18 pouces.

Les Cultivateurs qui enfonceroient trop leurs plants dans la terre, qui les rapprocheroient trop les uns des autres, qui les mettroient parmi les pommes de terre ou autres légumes, ou qui ne leur donneroient aucune culture, n'auroient pas de ſuccès; mais ne devroient pas attribuer à la nature de la racine & à celle du ſol ce qui n'auroit été que l'effet de leur négligence.

Il ſeroit à deſirer que dans chaque canton il ſe trouvât quelqu'un aſſez bienfaiſant pour ſemer une grande quantité de Betterave champêtre, pour en diſtribuer les plants à ceux qui voudroient en cultiver, & pour leur enſeigner la manière de les planter, de les ſoigner & de les employer; ce ſeroit rendre le plus grand ſervice aux habitans de la campagne.

La poſſibilité d'entretenir une vache, fait la félicité de la famille du manœuvre; celui qui juſqu'ici n'en a pas eu, parce qu'il ne pouvoit la nourrir, pourroit affermer un terrein peu étendu, y cultiver la Betterave champêtre, en nourrir ſa vache, & le lait qu'elle produiroit, payeroit en peu de temps le prix de ſa ferme. Le payſan qui n'a encore pu nourrir qu'une vache, pourroit en nourrir deux ou trois en s'adonnant à la culture de cette racine.

Outre les avantages que nous avons déjà énumérés, la Betterave champêtre en réunit encore plusieurs; celui d'une récolte abondante, qui craint peu l'intempérie des saisons; celui d'épargner pendant l'été les près artificiels & naturels : de sorte que toute l'herbe qu'ils produisent puisse être convertie en foin; enfin la facilité de nourrir les bestiaux à l'étable pendant toute l'année, & d'augmenter par conséquent la provision du fumier, objet si nécessaire, si indispensable à l'Agriculture.

§. XXII.

Résumé.

1.° Les hommes peuvent manger pendant toute l'année de cette espèce de légume : il est bon & sain.

2.° Le puceron & la lisette, ni aucune autre chenille ou insecte ne l'attaquent; il souffre peu de la vicissitude des saisons.

3.° Les feuilles de la Betterave champêtre sont une nourriture excellente pour les bestiaux de toute espèce pendant quatre mois de l'année; celles du turneps & des autres navets ne procurent cet avantage qu'une seule fois, & encore sont-elles alors très-dures & gâtées par les insectes.

4.° La Betterave champêtre ſe conſerve parfaitement pendant huit mois de l'année, & n'eſt pas auſſi ſujette à la pourriture que les turneps ou navets, qui, dès la fin de Mars, deviennent filandreux, coriaces, creux & cordelés.

5.° Les turneps & les autres navets manquent ſouvent dans les terres fortes; la Betterave champêtre vient par-tout.

6.° Le laitage provenant des vaches qui ſe nourriſſent de navets pendant quelques jours de ſuite, contracte un goût déſagréable; celles qui mangent de la Betterave champêtre, donnent du lait & du beurre d'une excellente qualité.

Ce bon fourrage vient au ſecours de tous les troupeaux, ſur-tout dans le temps où la verdure, ſi utile & ſi néceſſaire aux beſtiaux, eſt encore rare.

Jamais le bétail ne s'en dégoûte; il le mange toujours avec la même avidité. Dans pluſieurs provinces de l'Allemagne, où on le cultive avec ſuccès, on lui donne la préférence ſur tous les autres fourrages, & l'on s'en ſert pour engraiſſer la plupart des troupeaux de bœufs que les habitans de ces provinces viennent vendre tous les ans dans le royaume.

FIN.

www.ingramcontent.com/pod-product-compliance
Ingram Content Group UK Ltd.
Pitfield, Milton Keynes, MK11 3LW, UK
UKHW021035260726
13994UKWH00005B/2163